Dr. Christine Jaitner

Singvögel

KOMPASS Naturführer

Die Autorin Dr. Christine Jaitner, geboren 1952, studierte in Innsbruck Zoologie und Systematische Botanik. Sie promovierte auf dem Gebiet der Protozoologie.

Impressum

Ausstattung:
72 Abbildungen
2 Farbtafeln
2 Illustrationen

Texte: Dr. Christine Jaitner, Patsch

Farbtafeln und Illustration: Heinz Schwanninger, Absam

Gesamtleitung und Redaktion: Reinhard Strohmeier, KOMPASS-Karten GmbH

Bildnachweis/Farbfotos:
Titelbild: Pirol ♂ (Limbrunner)
Bajohr: 18, 53, 66, 68; Limbrunner: 8-17, 19, 21, 22, 24, 28, 30-36, 40-42, 44, 46-52, 54, 56-65, 67, 69-77; Schmidt: 38, 39, 43; Schulze: 20, 37; Werner: 45; Zeininger: 23, 29

A-6063 Rum/Innsbruck
Österreich/Austria
Fax 0043/(0)512/26 55 61-8
kompass@kompass.at
www.kompass.at

6. Auflage 2009

Verlagsnummer 1104
ISBN 978-3-85491-576-8

Lieber Vogelfreund!

Der vorliegende KOMPASS-Naturführer beinhaltet 70 Singvögel, die bei uns häufig anzutreffen sind. Die Vögel sind in Wort und Bild beschrieben, wobei die Photographien diese in ihrer natürlichen Umgebung darstellen. Es wird Wert darauf gelegt, dass die Farbwiedergabe der natürlichen Farbe entspricht, um Verwechslungen zu vermeiden, zu denen es speziell bei wenig kontrastreichen Vögeln kommen kann.

Die Rubriken „Beobachtet am" und „Ort" bieten Ihnen die Möglichkeit, Ihre Beobachtungen sofort einzutragen.

Bild und Text sollen eine Einheit bilden. Neben der genauen Beschreibung der äußeren Merkmale finden Sie Hinweise auf die Fortpflanzung, damit zusammenhängend sind Brutdauer, Nestlingszeit und Art des Nestes; ferner Nahrung, Lebensraum, und ob es sich um Stand-, Strich- oder Zugvögel handelt. Außerdem gibt es einen Vogelkalender.

Viel Freude bei der Beobachtung und Bestimmung unserer heimischen Vogelfauna!

Vogelkalender

Name	anzutreffen	Brutzeit
Alpenbraunelle	I-XII	V-VI
Amsel	I-XII	III-VII
Bachstelze	II-X	IV-VIII
Baumpieper	IV-X	V-VII
Bergfink	X-IV	
Berglaubsänger	IV-IX	V-VII
Birkenzeisig	XI-III, TZ	V-VII
Blaukehlchen	III-IX	V-VII
Blaumeise	I-XII	IV-VI
Braunkehlchen	IV-IX	V-VII
Buchfink	II-IX, TZ	IV-VII
Dorngrasmücke	IV-IX	V-VII
Drosselrohrsänger	IV-IX	V-VII
Eichelhäher	I-XII	IV-VII
Erlenzeisig	IX-IV,TZ	III-VII
Feldlerche	II-XI,TZ	IV-VII
Feldschwirl	IV-IX	V-VII
Feldsperling	I-XII	IV-VIII
Fichtenkreuzschnabel	I-XII,TZ	X-VII
Fitis	IV-IX	V-VII
Gartengrasmücke	V-IX	V-VII
Gartenrotschwanz	IV-IX	V-VII
Gebirgsstelze	I-XII,TZ	III-VII
Gelbspötter	V-VIII	V-VII
Gimpel	I-XII	IV-VIII
Girlitz	III-X	IV-VII
Goldammer	I-XII,TZ	IV-VI
Grauammer	III-X,TZ	V-VII
Grauschnäpper	IV-IX	V-VII
Grünfink	I-XII	IV-VIII
Hänfling	III-XI,TZ	IV-VIII
Haubenlerche	I-XII	IV-VI
Haubenmeise	I-XII	IV-VI
Hausrotschwanz	III-XI	IV-VII

Name	anzutreffen	Brutzeit
Haussperling	I-XII	IV-VIII
Heckenbraunelle	I-XII,TZ	IV-VI
Kernbeißer	I-XII	IV-VI
Klappergrasmücke	IV-IX	V-VII
Kleiber	I-XII	IV-VI
Kohlmeise	I-XII	IV-VI
Mehlschwalbe	IV-IX	V-VIII
Mönchsgrasmücke	IV-X	V-VII
Nachtigall	IV-IX	V-VII
Neuntöter	V-IX	V-VIII
Pirol	V-VIII	V-VII
Raubwürger	I-XII,TZ	IV-VI
Rauchschwalbe	IV-X	V-VIII
Rotkehlchen	III-XI,TZ	IV-VII
Schilfrohrsänger	IV-X	V-VII
Schneefink	I-XII	V-VII
Schwanzmeise	I-XII	IV-VI
Schwarzkehlchen	III-X	IV-VII
Singdrossel	III-X	IV-VII
Sommergoldhähnchen	III-X	V-VII
Star	II-XI,TZ	IV-VII
Steinschmätzer	IV-X	IV-VI
Stieglitz	III-XI,TZ	V-VIII
Sumpfmeise	I-XII	IV-VI
Sumpfrohrsänger	V-IX	V-VII
Tannenmeise	I-XII	IV-VI
Trauerschnäpper	IV-IX	V-VII
Waldbaumläufer	I-XII	IV-VII
Waldlaubsänger	IV-IX	V-VII
Wasseramsel	I-XII	III-VII
Wasserpieper	I-XII	V-VIII
Weidenmeise	I-XII	IV-VI
Wintergoldhähnchen	II-XI,TZ	IV-VII
Zaunkönig	III-X,TZ	IV-VI
Zilpzalp	III-XI	IV-VII
Zippammer	IV-IX	V-VII

Was ist ein Singvogel?

Ihnen gemeinsam ist ein komplizierter Stimmapparat, der sie befähigt, mehr oder weniger schön zu singen. Zu den ausgesprochenen Meistern zählen Nachtigall, Zaunkönig, Fitis, Buchfink, Amsel, Singdrossel, Gartenrotschwanz, Lerche, Mönchsgrasmücke; aber auch Rabenvögel wie Kolkrabe, Dohle, Eichelhäher. Die Singvögel kennzeichnet eine rege Bautätigkeit der Nester während der Fortpflanzungsperiode. Die Jungen sind alle nackt und blind. Mit weit aufgesperrtem Schnabel betteln sie um Futter, das aus Insekten und deren Larven, Sämereien, Obst und Beeren besteht.

Begriffserklärungen:

♂	männlich
♀	weiblich
B	Brutzeit
N	Nestlingszeit
cm	Die Länge des Vogels von der Schnabelspitze bis zur Schwanzspitze
g	Das Gewicht eines ausgewachsenen Vogels
R1	sehr stark bedroht
R2	stark bedroht
R3	bedroht
R4	potentiell bedroht

Standvogel (ST)	Die Vögel ziehen normalerweise nicht ab.
Teilzieher (TZ)	Ein Teil der Population zieht im Winter ab, ein Teil bleibt da.
Zugvogel (Z)	Die Arten ziehen in den Wintermonaten vollständig ab. Manche Arten überwintern aber auch in unseren Breiten und ziehen im Frühjahr weg.

Gefiederteile der Vögel

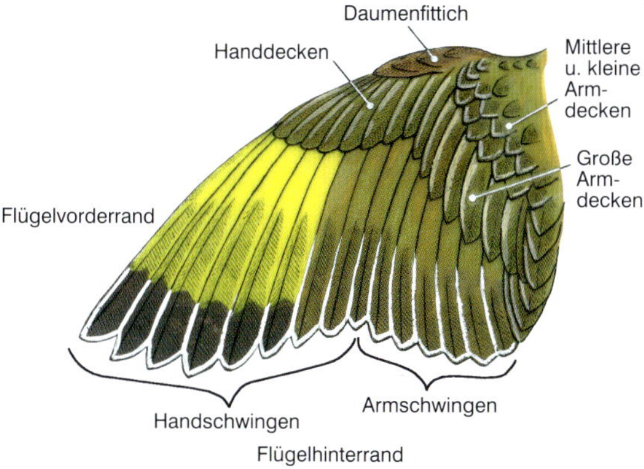

Feldlerche

Alauda arvense Lerchen

Merkmale: Oberseite braun gestreift, Unterseite grauweiß, Brust gestrichelt, langer Schwanz mit weißen Außenkanten, kleine Haube. **Fortpflanzung:** 3-4 bodenfarbene Eier, B 12-14 Tage, N 9-10 Tage, Bodenbrüter. **Nahrung:** Insekten, Spinnen, Samen, grüne Pflanzenteile. **Lebensraum:** offenes Gelände. Zugvogel.

Beobachtet am: **Ort:**

Haubenlerche

Galerida cristata Lerchen

Merkmale: 17 cm, 45 g, Oberseite sandfarben, Unterseite heller, Brust gestrichelt, deutliche Federhaube, kurzer Schwanz, leicht gebogener langer Schnabel. **Fortpflanzung:** IV-VI, 3-5 Eier, B 13 Tage, N 9-10 Tage, Bodenbrüter. **Nahrung:** Samen, grüne Pflanzenteile, Insekten. **Lebensraum:** Brachland, Bahndämme, Stadtränder. Zugvogel.

Beobachtet am: **Ort:**

Rauchschwalbe

Hirundo rustica Schwalben

Merkmale: 19 cm, 20 g, Oberseite metallisch schwarz schillernd, schwarzes Kropfband, Stirn und Kehle rostbraun, Unterseite rahmfarben, gegabelter Schwanz mit Spießen. **Fortpflanzung:** V-IX, 4-6 Eier, B 11-18 Tage, N 18-23 Tage, brütet in Gebäuden. **Nahrung:** Insekten. **Lebensraum:** jegliche Landschaften. Zugvogel.

Beobachtet am: **Ort:**

Mehlschwalbe

Delichon urbica
Schwalben

Merkmale: 13 cm, 20 g, Oberseite schwarz schillernd, Unterseite, Kehle und Bürzel weiß, gegabelter Schwanz ohne Spieße, befiederte Füße. **Fortpflanzung:** V-IX, 3-6 Eier, B 12-19 Tage, N 24-28 Tage, Nest nur an der Außenmauer von Gebäuden. **Nahrung:** Insekten. **Lebensraum:** menschliche Siedlungen, Felsen der Gebirge. Zugvogel.

Beobachtet am: **Ort:**

Bachstelze

Motacilla alba Stelzen

Merkmale: 18 cm, 23 g, Oberseite grau, Unterseite weiß, Kopf und Hals schwarzweiß, langer Schwanz, spitzer und langer Schnabel, schneller Lauf, ständig wippender Schwanz. **Fortpflanzung:** IV-VIII, 5-6 graue Eier mit kleinen graubraunen Punkten, B 12-14 Tage, N 14-15 Tage, Höhlenbrüter. **Nahrung:** Insekten. **Lebensraum:** meist in Wassernähe. Zugvogel.

Beobachtet am: **Ort:**

Gebirgsstelze

Motacilla cinerea Stelzen

Merkmale: 18 cm, 20 g, Rücken grau, Unterseite gelb, Flügel dunkler, im Sommer ♂ mit schwarzem Kehllatz, fehlt im Winter, ♀ mit weißer Kehle, schwächer gelb gefärbt, langer Schwanz. **Fortpflanzung:** III-VII, 5-6 Eier, B 11-14 Tage, N 12-13 Tage, Höhlenbrüter. **Nahrung:** Insekten, Tiere der Uferzonen. **Lebensraum:** an flachen, rasch fließenden Gewässern. Teilzieher.

Beobachtet am: **Ort:**

Baumpieper

Anthus trivialis

Stelzen

Merkmale: 15 cm, 23 g, Oberseite braun schwach gefleckt, Unterseite rahmfarben mit braunen Längsflecken auf der Brust und den Flanken, helle Beine, singt schmetternd auf hohen Bäumen. **Fortpflanzung:** IV-VII, 4-6 dunkel- bis rotbraune Eier, B 13 Tage, N 10-11 Tage, Bodenbrüter. **Nahrung:** Insekten. **Lebensraum:** lichte Wälder, Waldränder, Lichtungen. Zugvogel.

Beobachtet am: **Ort:**

Wasserpieper

Anthus spinoletta

Stelzen; **R**4

Merkmale: 16,5 cm, 24 g, Oberseite graubraun, Unterseite hellgrau mit rötlichem Schimmer, weißer Überaugenstreif. **Fortpflanzung:** V-VIII, 4-5 Eier, B 14-16 Tage, N 13-15 Tage, Bodenbrüter. **Nahrung:** Insekten. **Lebensraum:** Bergwiesen und Matten der alpinen Stufe. Standvogel.

Beobachtet am: **Ort:**

Wasseramsel

Cinclus cinclus Wasseramseln; **R**3

Merkmale: 18 cm, 60 g, dunkelbrauner Vogel mit auffälligem weißem Brustlatz, Kopf graubraun, kurzer Schwanz, taucht, schwimmt. **Fortpflanzung:** III-VI, 5-6 Eier, B 14-18 Tage, N 19-23 Tage, Nest an Steilhängen in Wassernähe. **Nahrung:** Wasserinsekten, Wassertiere, die tauchend gefangen werden. **Lebensraum:** schnellfließende Gewässer. Standvogel.

Beobachtet am: **Ort:**

Zaunkönig

Troglodytes troglodytes Zaunkönige

Merkmale: 9,5 cm, 9 g, brauner, rundlicher Vogel, kurzer, meist aufgestellter Schwanz, langer Schnabel, große Augen, heller Überaugenstreif. **Fortpflanzung:** IV-VII, 5-7 Eier, B 14-17 Tage, N 15-20 Tage, Nest am Boden. **Nahrung:** Insekten, Spinnen, manchmal Beeren. **Lebensraum:** Gebüsch, Unterholz, Hecken. Zugvogel.

Beobachtet am: **Ort:**

Heckenbraunelle

Prunella modularis Braunellen

Merkmale: 14,5 cm, 20 g, Oberseite braun mit dunkler Streifung, Kopf und Brust grau, schlanker Schnabel, seitlich gestrichelt. **Fortpflanzung:** IV-VI, 4-5 Eier, B 12-14 Tage, N 13-14 Tage, Baumbrüter. **Lebensraum:** dichte Wälder, Hecken, verwilderte Gärten. Teilzieher.

Beobachtet am: **Ort:**

Alpenbraunelle

Prunella collaris Braunellen; selten; **R**4

Merkmale: 18 cm, 40 g, Rücken grau bis graubraun, Kopf grau, Kehle und Kinn hell mit dunkler Schuppung, Unterseite hellgrau, bräunliche, gefleckte Flanken, Flügel rostbraun mit 2 weißen Fleckenreihen. **Fortpflanzung:** V-VI, 4-5 Eier, B 13-15 Tage, N 16 Tage, Bodenbrüter. **Nahrung:** Insekten, in den kalten Jahreszeiten zusätzlich Samen und Beeren. **Lebensraum:** alpine Zone, 1500-2300 m. Standvogel.

Beobachtet am: **Ort:**

Trauerschnäpper ♂

Ficedula hypoleuca Sänger

Merkmale: 13 cm, 13 g, ♂ Oberseite schwarz bis graubraun, weiße Unterseite und Flügelzeichnung und Stirn, ♀ braun mit hellbrauner Unterseite. **Fortpflanzung:** V-VI, 4-7 Eier, B 13 Tage, N 16 Tage, Höhlenbrüter. **Nahrung:** Insekten. **Lebensraum:** Laub- und Mischwälder, Parks, Gärten. Zugvogel.

Beobachtet am: **Ort:**

Grauschnäpper ♀

Muscicapa striata Sänger

Merkmale: 14 cm, 18 g, Oberseite graubraun, Unterseite heller, an der Brust und Stirn gestrichelt, unauffällig. **Fortpflanzung:** V-VII, 3-5 Eier, B 12-15 Tage, N 12-16 Tage, Höhlenbrüter. **Nahrung:** Insekten. **Lebensraum:** Gärten, Parks, Friedhöfe. Zugvogel.

Beobachtet am: **Ort:**

Gartenrotschwanz ♂

Phoenicurus phoenicurus Sänger; **R**3

Merkmale: 14 cm, 15 g, ♂ Oberseite schiefergrau, Unterseite und Schwanz leuchtend rostrot, Stirn weiß, Kehle und Wangen schwarz, ♀ braun mit heller Unterseite und rötlichem Schwanz. **Fortpflanzung:** V-VII, 5-7 Eier, B 12-17 Tage, N 13-17 Tage, Höhlenbrüter. **Nahrung:** Insekten, Spinnen, Schnecken. **Lebensraum:** lichte Wälder, Gärten, Parks. Zugvogel.

Beobachtet am: **Ort:**

Hausrotschwanz ♂

Phoenicurus ochruros Sänger

Merkmale: 14 cm, 17 g, ♂ schwärzlicher Vogel mit weißem Flügelfleck, Schwanz rostrot, ♀ aschgrau. **Fortpflanzung:** IV-VII, 5-6 Eier, B 13 Tage, N 15 Tage, Halbhöhlenbrüter. **Nahrung:** Insekten, Spinnen. **Lebensraum:** Gärten, Parks, lichte Wälder. Zugvogel.

Beobachtet am: **Ort:**

Braunkehlchen ♀

Saxicola rubetra — Sänger; **R**2

Merkmale: 13 cm, 18 g, Oberseite braun gestrichelt, Unterseite rostbraun bis cremeweißlich, weißer Überaugen- und Bartstreif, kurzer Schwanz, weißer Schulterfleck. **Fortpflanzung:** V-VI, 5-6 Eier, B 14 Tage, N 13 Tage, Nest nahe dem Boden. **Nahrung:** Insekten. **Lebensraum:** offenes Gelände mit Ansitz. Zugvogel.

Beobachtet am: **Ort:**

Schwarzkehlchen ♂

Saxicola torquata Sänger; **R**2

Merkmale: 13 cm, 15 g, ♂ Oberseite braunschwarz, Kopf schwarz, weißer Halsfleck, Unterseite rostbraun, bis ins Weiße übergehend, ♀ braun mit dunkler Fleckung. **Fortpflanzung:** IV-VII, 5-6 Eier, B 13-14 Tage, N 13-14 Tage, Bodenbrüter. **Nahrung:** Insekten. **Lebensraum:** Ödland, trockene Gebiete mit Sand. Zugvogel.

Beobachtet am: **Ort:**

Steinschmätzer ♀

Oenanthe oenanthe Sänger; **R**2

Merkmale: 15 cm, 25 g, Oberkopf und Rücken grau, weißer Überaugenstrich, brauner Strich durchs Auge, schwarze Flügel, helle Unterseite. **Fortpflanzung:** IV-VI, 5-6 Eier, B 12-13 Tage, N 13-16 Tage, Bodenbrüter. **Nahrung:** Insekten, Spinnen, Würmer. **Lebensraum:** Ödland, Weinberge, steiniges, offenes Gelände. Zugvogel.

Beobachtet am: **Ort:**

Rotkehlchen

Erithacus rubecula Sänger

Merkmale: 14 cm, 16 g, Oberseite olivbraun, Kehle, Stirn, Brust orangerot, Unterseite schmutzigweiß, große Augen. **Fortpflanzung:** V-VII, 5-7 Eier, B 12-15 Tage, N 13-15 Tage, Bodenbrüter. **Nahrung:** Insekten, Spinnen, Schnecken, Würmer. **Lebensraum:** Laubwälder, Parks, Gärten. Teilzieher.

Beobachtet am: **Ort:**

Blaukehlchen ♂

Luscinia svecica Sänger; **R**1

Merkmale: 14 cm, 18 g, ♂ mit leuchtend blauer Kehle mit weißem Fleck und rostbraunem Brustband, ♀ mit weißer Kehle, sonst Oberseite olivbraun, Schwanz an der Basis rötlich. **Fortpflanzung:** IV-VI, 5-6 Eier, B 13 Tage, N 13-14 Tage, Bodenbrüter. **Nahrung:** Insekten. **Lebensraum:** Feuchtgebiete. Zugvogel.

Beobachtet am: **Ort:**

Nachtigall

Luscinia megarhynchos Sänger

Merkmale: 16,5 cm, 22 g, rötlichbrauner Vogel mit hellerer Unterseite, Schwanz etwas dunkler. **Fortpflanzung:** V-VI, 4-6 Eier, B 13-14 Tage, N 11-14 Tage, Bodennest. **Nahrung:** Insekten, Schnecken. **Lebensraum:** dichte Hecken, Gebüsch, unterholzreiche Laubwälder. Zugvogel.

Beobachtet am: **Ort:**

Amsel ♂

Trudus merula Drosseln

Merkmale: 25 cm, 95 g, ♂ schwarz mit orangegelbem Schnabel, gelb geränderte Augen, ♀ braun mit braunem Schnabel, Bauch etwas heller, Jungvögel rotbraun mit heller gefleckter Brust. **Fortpflanzung:** 4-6 bläulichgrüne Eier mit rostroter Musterung, die stark variiert, B 13-14 Tage, N 12-16 Tage, Nest in der Deckung von Hecken, Büschen, Pflanzen. **Nahrung:** Regenwürmer, Spinnen, Schnecken, Obst, Beeren. **Lebensraum:** Wälder, Parks, Gärten, Städte. Teilzieher, überwintert oft in menschlicher Siedlung.

Beobachtet am: **Ort:**

Singdrossel

Turdus philomelos Drosseln

Merkmale: 23 cm, 70 g, Oberseite braun, Unterseite weiß mit kräftigen dunklen Tupfen, Brust rostfarben, große Augen. **Fortpflanzung:** VI-VII, 4-5 Eier, B 12-13 Tage, N 12-16 Tage, Baumbrüter. **Nahrung:** Insekten, Würmer, Schnecken, Beeren, Obst. **Lebensraum:** Wälder, Parks, Gärten. Zugvogel.

Beobachtet am: **Ort:**

Schilfrohrsänger

Acrocephalus schoenobaenus Grasmücken; **R**2

Merkmale: 13 cm, 12 g, Oberseite dunkelbraun gestreift, weißlicher Überaugenstreif, Unterseite weiß, Bürzel hellbraun. **Fortpflanzung:** V-VII, 4-6 Eier, B 13-14 Tage, N 12-17 Tage. Bodenbrüter im Schilf. **Nahrung:** Insekten, Spinnen. **Lebensraum:** Schilfbestände, Seggen an Ufern. Zugvogel.

Beobachtet am: **Ort:**

Sumpfrohrsänger

Acrocephalus palustris Grasmücken

Merkmale: 13 cm, 12 g, Oberseite bräunlich, Unterseite etwas heller, meist fleischfarbene Beine. **Fortpflanzung:** V-VII, 4-5 Eier, B 13 Tage, N 12 Tage, Hängenest in Halmen. **Nahrung:** Insekten. **Lebensraum:** Gebüsch, Brennnesselbestände an Feuchtgebieten. Zugvogel.

Beobachtet am: **Ort:**

Drosselrohrsänger

Acrocephalus arundinaceus Grasmücken; **R**1

Merkmale: 19 cm, 30 g, Oberseite olivgrün, Unterseite hell, langer Schnabel, deutlicher Überaugenstreif. **Fortpflanzung:** V-VII, 4-5 Eier, B 13-15 Tage, N 12 Tage, Hängenest. **Nahrung:** Insekten, Spinnen, kleine Wassertiere. **Lebensraum:** im Schilfbestand der Gewässer. Zugvogel.

Beobachtet am: **Ort:**

Feldschwirl

Locustella naevia Grasmücken

Merkmale: 13 cm, 14 g, Oberseite hellbraun mit dunkler Struktur, Unterseite rahmfarben, langer Schwanz, sangesfreudig. **Fortpflanzung:** V-VII, 4-6 Eier, B 13 Tage, N 11 Tage, Bodenbrüter. **Nahrung:** Insekten, Spinnen. **Lebensraum:** Feuchtgebiete. Zugvogel.

Beobachtet am: **Ort:**

Gelbspötter

Hippolais icterina Grasmücken

Merkmale: 13,5 cm, 13 g, Oberseite gelbgrün, Unterseite heller, langer, breiter orangefarbener Schnabel. **Fortpflanzung:** V-VII, 4-6 Eier, B 12-14 Tage, N 13 Tage, brütet in Büschen und jungen Bäumen. **Nahrung:** Insekten, Spinnen, auch Beeren. **Lebensraum:** lichte Laubwälder, Gärten, Parks. Zugvogel.

Beobachtet am: **Ort:**

Gartengrasmücke

Sylvia borin Grasmücken

Merkmale: 14 cm, 20 g, Oberseite olivgraubraun, Unterseite heller, gute Tarnung. **Fortpflanzung:** V-VII, 3-5 Eier, B 12-14 Tage, N 10-12 Tage, brütet nahe am Boden. **Nahrung:** Insekten, auch Beeren. **Lebensraum:** Gebüsch. Zugvogel.

Beobachtet am: **Ort:**

Mönchsgrasmücke ♂

Sylvia atricapilla Grasmücken

Merkmale: 14 cm, 20 g, Oberseite graubraun, Unterseite grau, ♂ mit schwarzer, ♀ mit brauner Kopfplatte. **Fortpflanzung:** V-VII, 4-5 Eier, B 12-14 Tage, N 10-12 Tage, Nest gut versteckt im Gebüsch. **Nahrung:** Insekten, Spinnen, im Herbst auch Beeren. **Lebensraum:** Wälder, Parks, Gebüsch. Zugvogel.

Beobachtet am: **Ort:**

Klappergrasmücke

Sylvia curruca Grasmücken

Merkmale: 13,5 cm, 12 g, Oberseite graubraun, Flügel rostbraun, Oberkopf dunkelgrau, helle Unterseite. **Fortpflanzung:** V-VII, 4-6 Eier, B 12 Tage, N 12 Tage, brütet in Büschen. **Nahrung:** Insekten, später Beeren. **Lebensraum:** Waldränder, Parks, Gebüsch, Gärten. Zugvogel.

Beobachtet am: **Ort:**

Dorngrasmücke ♂

Sylvia communis Grasmücken

Merkmale: 14 cm, 15 g, ♂ Flügel deutlich rostbraun, Schwanz lang mit weißen Außenkanten, Kopf grau, Kehle weiß, ♀ matter gefärbt. **Fortpflanzung:** V-VII, 4-6 Eier, B 12 Tage, N 12 Tage, Nest in Bodennähe. **Nahrung:** Insekten, später Beeren. **Lebensraum:** Hecken, Gebüsch. Zugvogel.

Beobachtet am: **Ort:**

Zilpzalp

Phylloscopus collybita Grasmücken

Merkmale: 11 cm, 9 g, sehr ähnlich Fitis, mehr olivbraun, schwarze Beine. **Fortpflanzung:** IV-VII, 5-6 Eier, B 14 Tage, N 13 Tage, kugeliges Nest in Bodennähe. **Nahrung:** Insekten, Spinnen. **Lebensraum:** Laub-, Mischwälder, Gebüsch, Parks, Hecken. Zugvogel.

Beobachtet am: **Ort:**

Fitis (Jungvogel)

Phylloscopus trochilus Grasmücken

Merkmale: 11 cm, 9 g, Gefieder gelblichbraun mit hellen Beinen, heller Überaugenstreifen, brauner Augenstreif, sehr ähnlich Zilpzalp. **Fortpflanzung:** V-VI, 4-6 Eier, B 13-14 Tage, N 13-15 Tage, kugeliges Bodennest. **Nahrung:** Insekten, Spinnen. **Lebensraum:** Laub-, Mischwälder, Auwälder, Gebüsch. Zugvogel.

Beobachtet am: **Ort:**

Berglaubsänger

Phylloscopus bonelli Grasmücken

Merkmale: 11,5 cm, 8 g, Oberseite grünlich mit schwefelgelbem Überaugenstrich, Unterseite weißlich, Bürzel gelbgrün, braune Beine. **Fortpflanzung:** V-VI, 6-7 Eier, B 13 Tage, N 12-13 Tage, Baumbrüter. **Nahrung:** Insekten, Spinnen. **Lebensraum:** Hochbuchenwälder. Zugvogel.

Beobachtet am: **Ort:**

Waldlaubsänger ♀

Phylloscopus sibilatrix Grasmücken

Merkmale: 13 cm, 10 g, Oberseite leuchtend gelblichgrün, Überaugenstreif, Kehle und Brust schwefelgelb, Bauch weiß. **Fortpflanzung:** V-VI, 6-7 Eier, B 13 Tage, N 12-13 Tage, Bodenbrüter. **Nahrung:** Insekten, Spinnen. **Lebensraum:** Buchenhochwald. Zugvogel.

Beobachtet am: **Ort:**

Wintergoldhähnchen ♂

Regulus regulus Goldhähnchen

Merkmale: 9 cm, 5 g, Oberseite graugrün, Unterseite grauweiß, 2 helle Flügelbinden, nicht so kontrastreich wie Sommergoldhähnchen, ♂ oranger Scheitel mit 2 schwarzen Streifen, ♀ gelber Scheitel. **Fortpflanzung:** VI-VI, 8-10 Eier, B 12-17 Tage, N 15-16 Tage, hängendes Nest an Nadelbaumzweigen. **Nahrung:** Insekten, Spinnen. **Lebensraum:** Wälder, vor allem Fichtenbestände. Teilzieher.

Beobachtet am: **Ort:**

Sommergoldhähnchen

Regulus ignicapillus Goldhähnchen

Merkmale: 9 cm, 5 g, Rücken lebhaft olivgrün, weißer Überaugenstreif, schwarze Augenbinde, ♂ orangegelber Strich, schwarz eingefasst, auf dem Scheitel, ♀ nur gelb, helle Unterseite. **Fortpflanzung:** V-VII, 7-11 Eier, B 12-16 Tage, N 19-20 Tage. Baumbrüter. **Nahrung:** Insekten, kleine Spinnen. **Lebensraum:** Nadelwald, Parks. Zugvogel.

Beobachtet am: **Ort:**

Schwanzmeise

Aegithalos caudatus Schwanzmeisen

Merkmale: 14 cm, 9 g, Federkleid schwarzweiß mit rötlichem Hauch, extrem langer, gestufter Schwanz. **Fortpflanzung:** IV-VI, 7-12 Eier, B 12-13 Tage, N 14-19 Tage, Kugelnest in Bäumen. **Nahrung:** Insekten, Spinnen. **Lebensraum:** Laub- und Nadelwälder, Parks, Gebüsch, Gärten. Standvogel.

Beobachtet am: **Ort:**

Kohlmeise

Parus major Meisen

Merkmale: 14 cm, 20 g, schwarzer Kopf mit weißen Wangen, Oberseite olivgrün, Unterseite gelb mit schwarzem Bauchstreifen. **Fortpflanzung:** IV-VII, 8-12 Eier, B 12-14 Tage, N 15-20 Tage, Höhlenbrüter. **Nahrung:** Insekten, Samen, Beeren. **Lebensraum:** Wälder, Gärten, Parks. Standvogel.

Beobachtet am: **Ort:**

Blaumeise ♂

Parus caeruleus

Meisen

Merkmale: 11,5 cm, 11 g, blauer Scheitel, Flügel und Schwanz, Kopfseiten weiß mit schwarzem Augenstrich, Unterseite leuchtend gelb, kleiner Schnabel. **Fortpflanzung:** IV-VI, 7-14 Eier, B 13-15 Tage, N 16-18 Tage, Höhlenbrüter. **Nahrung:** kleine Insekten, Samen. **Lebensraum:** Wälder, Parks, Gärten. Standvogel.

Beobachtet am: **Ort:**

Tannenmeise

Parus ater Meisen

Merkmale: 11 cm, 9 g, schwarzer Kopf mit weißem Backen- und Nackenfleck, Bauchseite grauweiß ohne Mittelstrich. **Fortpflanzung:** IV-VI, 9-11 Eier, B 13-17 Tage, N 16-23 Tage, Höhlenbrüter. **Nahrung:** Insekten, Nadelbaumsamen. **Lebensraum:** Nadelwälder, Nadelbaumbestände, bis zur Waldgrenze. Standvogel.

Beobachtet am: **Ort:**

Haubenmeise

Parus cristatus Meisen

Merkmale: 11,5 cm, 11 g, Oberseite braun, Unterseite weißlich, mit schwarzweißer Haube, Kopf sonst weiß mit schwarzem Halsring und schwarzer Kehle. **Fortpflanzung:** IV-VI, 5-8 Eier, B 13-15 Tage, N 20-23 Tage, Höhlenbrüter. **Nahrung:** Kerbtiere, Nadelholzsamen, Beeren. **Lebensraum:** Nadelwälder, Parks mit Nadelbäumen. Standvogel.

Beobachtet am: **Ort:**

Weidenmeise

Marus montanus Meisen

Merkmale: 11,5 cm, 11 g, Oberkopf, Kinn und Kehle mattschwarz, Oberseite graubraun, Unterseite weißlich, dunkler als Sumpfmeise. **Fortpflanzung:** IV-V, 6-8 Eier, B 13-14 Tage, N 17-19 Tage, Höhlenbrüter. **Nahrung:** Insekten, Samen. **Lebensraum:** sumpfige Auwälder, Birken, Weiden, Erlen. Standvogel.

Beobachtet am: **Ort:**

Sumpfmeise

Parus palustris Meisen

Merkmale: 11,5 cm, 11 g, Kopfplatte und kleiner Kehllatz schwarz, Oberseite graubraun, helle Wangen, Unterseite schmutzigweiß, keine weiße Zeichnung der Flügel. **Fortpflanzung:** IV-V, 6-10 Eier, B 12-15 Tage, N 17-20 Tage, Höhlenbrüter. **Nahrung:** Insekten. **Lebensraum:** Laubwälder, Parks, Gärten bis 1400 m. Standvogel.

Beobachtet am: **Ort:**

Kleiber

Sitta europaea Kleiber

Merkmale: 14 cm, 23 g, Oberseite grau, Unterseite rostrot, schwarzer Augenstrich, spitzer, spechtartiger Schnabel, kurzer Schwanz, klettert kopfüber an Bäumen herunter. **Fortpflanzung:** IV-VI, 6-8 Eier, B 13-15 Tage, N 22-25 Tage, Höhlenbrüter, der sich sein Einflugloch mit Lehm verkleinert. **Nahrung:** Insekten. **Lebensraum:** Wälder, Parks, Gärten. Standvogel.

Beobachtet am: **Ort:**

Waldbaumläufer

Certhia familiaris Baumläufer

Merkmale: 12,5 cm, 9 g, nicht sicher vom Gartenbaumläufer (C. branchydactyla) zu unterscheiden, rindenfarben, Stützschwanz, langer gebogener Schnabel, weißer Überaugenstreif, weißgefleckte Oberseite, Unterseite weiß. **Fortpflanzung:** IV-VII, 4-7 Eier, B 13-15 Tage, N 16-17 Tage, Höhlenbrüter. **Nahrung:** Insekten der Baumrinde. **Lebensraum:** Wälder bis zur Baumgrenze. Standvogel.

Beobachtet am: **Ort:**

Pirol ♂ ♀

Oriolus oriolus Pirole

Merkmale: 24 cm, 72 g, ♂ leuchtend gelb mit schwarzen Flügeln und schwarzem Augenstrich, schwarzgelber Schwanz, ♀ Oberseite gelbgrün, Unterseite hellgrau mit Längsstreifen, Flügel und Schwanz braun. **Fortpflanzung:** V-VII, 3-4 Eier, B 14-18 Tage, N 14-17 Tage, Baumbrüter. **Nahrung:** Insekten, Früchte. **Lebensraum:** Eichenwälder, Parks, Laubwälder, in Wassernähe. Zugvogel.

Beobachtet am: **Ort:**

Neuntöter ♂ ♀

Lanius collurio Würger; **R**2

Merkmale: 17 cm, 30 g, ♂ Oberseite rotbraun, Kopf aschgrau mit schwarzem Augenstrich, Unterseite rötlichweiß, ♀ Oberseite rostbraun, Unterseite cremefarben mit sichelförmiger Zeichnung. **Fortpflanzung:** V-VII, 4-6 Eier, B 14-16 Tage, N 12-15 Tage, Baumbrüter. **Nahrung:** meist Fluginsekten, Frösche, Kleinvögel, Mäuse. Beute wird aufgespießt. **Lebensraum:** dorniges Gebüsch, Hecken, Bahndämme, Schonungen. Zugvogel.

Beobachtet am: **Ort:**

Raubwürger

Lanius excubitor Würger

Merkmale: 24 cm, 65 g, Oberseite grau, schwarzer Augenstreif, schwarze Flügel mit weißer Zeichnung, Unterseite weiß. **Fortpflanzung:** Dauerehe, IV-VI, 5-7 Eier, B 17-18 Tage, N 19-20 Tage. Baumbrüter. **Nahrung:** Insekten, Kleintiere, Mäuse. Beute wird aufgespießt. **Lebensraum:** Obstgärten, offene Landschaft mit wenigen Bäumen, Moore. Teilzieher.

Beobachtet am: **Ort:**

Eichelhäher

Garrulus glandarius Rabenvögel

Merkmale: 34 cm, 170 g, rötlichbrauner Vogel, Oberkopf weiß mit schwarzen Strichen, schwarzer Bartstreif, Kehle weiß, blau-weiß-schwarze Bänderung an der Schulter, schwarze Flügel mit weißem Fleck, Bürzel weiß, Schwanz schwarz. **Fortpflanzung:** IV-VII, 5-6 Eier, B 16-17 Tage, N 19-20 Tage, Baumbrüter. **Nahrung:** Eicheln, Bucheckern, Früchte, Insekten, Nesträuber. **Lebensraum:** Wälder, dichte Baumbestände. Standvogel.

Beobachtet am: **Ort:**

Star

Sturnus vulgaris Stare

Merkmale: 21,5 cm, 75 g, metallisch schwarzblau, schwarzrot, schwarzgrün glänzender Vogel, übersät mit weißen Punkten, gelber Schnabel, hüpft nicht. **Fortpflanzung:** IV-VII, 4-6 Eier, B 11-14 Tage, N 17-22 Tage, Höhlenbrüter. **Nahrung:** Insekten, Würmer, Früchte. **Lebensraum:** Parks Gärten, Laub- und Mischwälder. Zugvogel.

Beobachtet am: **Ort:**

Haussperling ♂

Passer domesticus Sperlinge

Merkmale: 15 cm, 30 g, ♂ Scheitel und Bürzel grau, Hinterkopf und Kopfseiten rotbraun, weiße Wangen, schwarzer Kehllatz und Schnabel, Flügel braun mit weißem Streifen, ♀ graubraun, Unterseite heller. **Fortpflanzung:** IV-VIII, B 11-14 Tage, N 13-14 Tage, Höhlenbrüter in Gebäuden, in Kolonien. **Lebensraum:** menschliche Siedlungen. Standvogel.

Beobachtet am: **Ort:**

Feldsperling ♂

Passer montanus Sperlinge

Merkmale: 14 cm, 23 g, Oberseite rotbraun mit 2 dünnen Flügelbinden, Unterseite graubraun, schokoladenbrauner Oberkopf, schwarzer Kehlfleck, auf der weißen Wange schwarzer Fleck. **Fortpflanzung:** IV-VIII, 5-7 helle Eier mit dunkler Strukturierung, B 13-14 Tage, N 12-14 Tage, Höhlenbrüter. **Nahrung:** Insekten, Samen. **Lebensraum:** Tiefland Europas. Standvogel oder Teilzieher.

Beobachtet am: **Ort:**

Schneefink

Montifringilla nivalis — Sperlinge

Merkmale: 18 cm, 40 g, Rücken braun, Kopf grau, weiße Flügelzeichnung, Unterseite heller, mit weißem Schwanz, im Winter und bei ♀ helle Kehle. **Fortpflanzung:** V-VII, 4-6 Eier, B 13-14 Tage, N 17-21 Tage, Felsenbrüter. **Nahrung:** Samen, Insekten. **Lebensraum:** alpine Stufe, Standvogel.

Beobachtet am: **Ort:**

Grünfink

Carduelis chloris Finken

Merkmale: 14,5 cm, 30 g, gelbgrüner Vogel mit gelben Flügelspitzen, kräftiger hellbrauner Schnabel, ♀ graugrün. **Fortpflanzung:** IV-VIII, 4-6 Eier, B 12-15 Tage, N 13-16 Tage, Baumbrüter. **Nahrung:** Samen. **Lebensraum:** Wälder, Gärten, Parks. Standvogel.

Beobachtet am: **Ort:**

Stieglitz

Carduelis carduelis Finken

Merkmale: 12 cm, 16 g, brauner Rücken, rote Gesichtsmaske, Kopf schwarzweiß, schwarz-weiß-gelbe Flügel, Unterseite heller braun. **Fortpflanzung:** V-VIII, 4-6 Eier, B 11-13 Tage, N 13-15 Tage, Baumbrüter. **Nahrung:** Distelsamen, Samen, auch kleine Insekten. **Lebensraum:** Kulturfolger, Parks, Gärten, Ödland. Teilzieher.

Beobachtet am: **Ort:**

Erlenzeisig ♀

Carduelis spinus Finken

Merkmale: 12 cm, 12 g, ♂ Oberseite gelbgrün wie die Unterseite, Scheitel schwarz, Flügel schwarz mit gelbgrünen Binden, Schwanzseiten, Bürzel und Augenstreif gelb, ♀ grauer, Kopf graugrün, Unterseite mit schwarzen Längsflecken. **Fortpflanzung:** IV-VII, 4-6 Eier, B 13 Tage, N 13-14 Tage, Baumbrüter. **Nahrung:** fetthaltige Samen, später Insekten. **Lebensraum:** Wälder, Parks, Gärten. Standvogel.

Beobachtet am: **Ort:**

Birkenzeisig ♂

Carduelis flammea Finken

Merkmale: 13 cm, Stirn leuchtend rot, Kinn schwarz, Bürzel hell, ♂ mit rosa überlaufener Unterseite, graubraun gestreift, 2 helle Flügelstreifen. **Fortpflanzung:** V-VII, 3-6 Eier, Baumbrüter. **Nahrung:** Samen, Insekten. **Lebensraum:** lichte Wälder, Gärten, Parks. Teilzieher.

Beobachtet am: **Ort:**

Hänfling ♂

Acanthis cannabina Finken

Merkmale: 13,5 cm, 18 g, Rücken rotbraun, im Sommer ♂ grauer Kopf, Bauch hellbraun, Scheitel und Brust rot, ♀ ohne Rot, im Winter weniger intensiv. **Fortpflanzung:** IV-VIII, 4-6 Eier, B 12-13 Tage, N 14-16 Tage, brütet im Gebüsch in Kolonien. **Lebensraum:** Kulturlandschaft mit Hecken und Büschen. Standvogel.

Beobachtet am: **Ort:**

Girlitz ♂

Serinus serinus Finken

Merkmale: 11,5 cm, 12 g, grüngelb bis gelb, Oberseite und Flanken dunkelbraun streifig, Überaugenstreif, Kehle und Brust gelb, Unterseite gestrichelt, kurzer kräftiger Schnabel. **Fortpflanzung:** IV-VII, 3-5 Eier, B 12-14 Tage, N 14-16 Tage, Baumbrüter. **Nahrung:** Samen, Insekten. **Lebensraum:** Waldränder, Parks, Kulturlandschaft. Zugvogel.

Beobachtet am: **Ort:**

Gimpel ♂

Pyrrhula pyrrhula Finken

Merkmale: 15 cm, 26 g, ♂ Oberseite graublau, Unterseite und Wangen leuchtend rot, Flügel schwarz mit weißer Binde, schwarzer Oberkopf, Bürzel weiß, kräftiger schwarzer Schnabel, ♀ Oberseite graubraun, Unterseite rötlichbraun. **Fortpflanzung:** IV-VIII, 4-6 Eier, B 12-14 Tage, N 15-18 Tage, Baumbrüter. **Nahrung:** Samen, Knospen, Beeren, Insekten. **Lebensraum:** Wälder, Gärten, Parks. Standvogel.

Beobachtet am: **Ort:**

Fichtenkreuzschnabel ♀♂

Loxia curvirostra Finken

Merkmale: 16,5 cm, 40 g, ♂ ziegelrot, ♀ gelbgrün mit grauem Stich, kräftiger und gekreuzter Schnabel. **Fortpflanzung:** nistet bei ausreichendem Nahrungsangebot unabhängig vom Wetter II-V, 3-4 Eier, B 14-16 Tage, N 14 Tage. **Nahrung:** Nadelbaumsamen. **Lebensraum:** Nadelwälder, Fichtenbestände. Teilzieher.

Beobachtet am: **Ort:**

Kernbeißer

Coccothraustes coccothraustes Finken

Merkmale: 18 cm, 55 g, kräftiger Vogel mit mächtigem Schnabel, kurzer Schwanz, weiße Flügel- und Schwanzbinde, Nacken grau, Kehle schwarz, ebenso Schnabelumrahmung, Schwungfedern metallisch schwarz, Kleid zimtfarben, Schnabel graublau im Sommer, im Winter und mit Jungen fleischfarben. **Fortpflanzung:** IV-VI, 4-6 Eier, B 10-14 Tage, N 12-14 Tage, Baumbrüter. **Nahrung:** Samen, Kernobstkerne. **Lebensraum:** Laub- und Mischwälder, Parks, Gärten, Friedhöfe. Standvogel und Teilzieher.

Beobachtet am: **Ort:**

Buchfink ♂

Fringilla coelebs Finken

Merkmale: 15 cm, 20 g, ♂ Oberkopf und Nacken blaugrau, Stirn schwarz, Unterseite rötlichbraun, 2 weiße Flügelbinden, weißer Schulterfleck, Außenkanten am Schwanz weiß, ♀ olivbraun mit heller Unterseite, Nacken und Oberkopf eher grau, weißer Schulterfleck, Flügelbinden weiß. **Fortpflanzung:** IV-VII, 3-6 hellblaue Eier, dicht rosa gefleckt, so dass die Grundfarbe verschwinden kann, B 12-13 Tage, N 12-15 Tage, Baumbrüter. **Nahrung:** Insekten, Samen. **Lebensraum:** überall, mit Bäumen. Teilzieher, überwintert oft in der Nähe menschlicher Siedlungen.

Beobachtet am: **Ort:**

Bergfink ♂

Fringilla montifringilla Finken

Merkmale: 15 cm, 23 g, Brust und Schulter orangebraun, Kopf und Rücken schwarz, weißer Bürzel, im Winter ♂ gedeckter gefärbt, Schnabel gelb mit schwarzer Spitze, ♀ matter gefärbt. **Fortpflanzung:** V-VII, 5-7 Eier, B 13 Tage, N 12-14 Tage, Baumbrüter. **Nahrung:** Insekten, Sämereien, Bucheckern. **Lebensraum:** Buchenwälder, Gärten, Parks. Zugvogel in Schwärmen.

Beobachtet am: **Ort:**

Goldammer

Emberiza citrinella Ammern

Merkmale: 16,5 cm, 30 g, ♂ zitronengelber Kopf, ebenso Unterseite und Bürzel, Oberseite und Flügel braun gestreift, ♀ schwächer gefärbt, mit gestreifter Brust. **Fortpflanzung:** IV-VII, 3-5 Eier, B 11-14 Tage, N 6-14 Tage, Nest im Gebüsch. **Nahrung:** Samen, Pflanzenteile, Insekten. **Lebensraum:** offenes Kulturgelände. Teilzieher.

Beobachtet am: **Ort:**

Grauammer

Emberiza calandra Ammern

Merkmale: 18 cm, 50 g, plump, graubraun, gestreift, ohne Weiß, gekerbter Schnabel, Schwanz gegabelt. **Fortpflanzung:** IV-VII, 3-5 Eier, B 12-14 Tage, N 9-12 Tage, Bodenbrüter, Polygamie. **Nahrung:** Samen, Kerbtiere. **Lebensraum:** Felder, Wiesen, Kulturgelände mit Bäumen, Teilzieher.

Beobachtet am: **Ort:**

Zippammer ♂

Emberiza cia Ammern

Merkmale: 16 cm, 25 g, Oberseite zimtfarben mit dunkler Streifung, Kopf aschgrau mit schwarzen und weißen Streifen, Unterseite zimtfarben. **Fortpflanzung:** V-VIII, 4-5 Eier, B 12-13 Tage, N 10-13 Tage, Bodenbrüter. Nahrung; Samen, Insekten. **Lebensraum:** felsige Gelände. Zugvogel.

Beobachtet am: **Ort:**

Register

Deutsche Namen:

Register

Wissenschaftliche Namen: